L'ÉCOLE

DES

ENGRAIS CHIMIQUES.

PREMIÈRES NOTIONS

DE

L'EMPLOI DES AGENTS DE FERTILITÉ.

PAR

M. GEORGES VILLE.

PARIS.

IMPRIMÉ PAR AUTORISATION DE SON EXC. LE GARDE DES SCEAUX

À L'IMPRIMERIE IMPÉRIALE.

M DCCC LXIX.

EXTRAIT DU CATALOGUE

DE

LA LIBRAIRIE AGRICOLE,

RUE JACOB, N° 26.

OUVRAGES DU MÊME AUTEUR :

Recherches expérimentales sur la végétation, in-8°.

La production agricole. Conférences agricoles faites en 1864 au champ d'expériences de Vincennes; in-8°.

La production agricole définie par la science. Conférence faite à Lyon en 1863; in-8° avec planche.

La crise agricole devant la science. Conférence faite à la Sorbonne le 17 mars 1866; in-8°.

La maladie des pommes de terre, in-8°.

La betterave et la législation des sucres. Conférence faite à Arras le 3o mai 1868; in-8° avec planche.

Les engrais chimiques. Entretiens agricoles donnés au champ d'expériences de Vincennes en 1867; in-8°.

Les *Entretiens* de 1868 forment le 2° volume des *Engrais chimiques*; ils comprennent la monographie des plantes à sucre (BETTERAVE, CANNE À SUCRE, MAÏS, SORGHO, TOPINAMBOUR, NAVET), des plantes à fécole (POMME DE TERRE), des plantes oléagineuses (COLZA, CHOU) et des plantes textiles à graines oléagineuses (LIN, CHANVRE). (*Sous presse.*)

L'ÉCOLE

DES

ENGRAIS CHIMIQUES.

L'ÉCOLE

DES

ENGRAIS CHIMIQUES.

PREMIÈRES NOTIONS

DE

L'EMPLOI DES AGENTS DE FERTILITÉ.

PAR

M. GEORGES VILLE.

PARIS.

IMPRIMÉ PAR AUTORISATION DE SON EXC. LE GARDE DES SCEAUX

À L'IMPRIMERIE IMPÉRIALE.

M DCCC LXIX.

A MONSIEUR SCHATTENMANN,

LAURÉAT POUR LA PRIME D'HONNEUR,

GRAND PRIX À L'EXPOSITION UNIVERSELLE DE 1867,

OFFICIER DE L'ORDRE IMPÉRIAL DE LA LÉGION D'HONNEUR,

OFFICIER DE L'INSTRUCTION PUBLIQUE, ETC. ETC.

Monsieur,

Je place ce petit livre, destiné aux classes populaires, sous le patronage de votre nom vénéré, pour rendre hommage au protecteur infatigable de l'enseignement primaire, honorer vos succès comme agriculteur, et vous donner un témoignage de l'affection toute filiale que je vous ai dès longtemps vouée.

Georges VILLE.

Ce 1ᵉʳ novembre 1868.

A MONSIEUR GEORGES VILLE,

PROFESSEUR-ADMINISTRATEUR

AU MUSÉUM D'HISTOIRE NATURELLE.

Monsieur le Professeur,

Je suis profondément touché de la dédicace que vous voulez bien me faire de votre École des engrais chimiques, et des termes dans lesquels elle est conçue.

Mon ambition n'allait pas jusque-là; mais regardant ce travail, qu'on ne peut séparer de vos importantes publications, comme éminemment utile à l'instruction de la nombreuse jeunesse agricole, je saisis cette occasion pour répéter que vous avez, à mes yeux, le grand mérite d'avoir le premier établi une théorie générale qui conduit à des formules pratiques capables de guider tout le monde.

Je regarde vos travaux comme une ère nouvelle propre à réaliser un progrès immense en agriculture, parce que toute la population agricole est appelée à profiter de vos préceptes et de vos expériences pratiques.

Agréez, Monsieur le Professeur, l'assurance de ma haute estime et de mon inviolable attachement.

SCHATTENMANN.

Bouxwiller, ce 18 novembre 1868.

PRÉFACE.

En 1844, le prince Louis-Napoléon, devenu
depuis l'Empereur Napoléon III, a tracé le plan
d'un vaste système de colonies agricoles pour
mettre en valeur les terres incultes et offrir à la
classe ouvrière un refuge toujours ouvert en
cas de chômage et un moyen infaillible d'éman-
cipation.

Le présent écrit tend au même but par une
autre voie.

La production du sol est, en France, de
50 p. o/o au-dessous de ce qu'elle devrait être;
le froment ne rend en moyenne que 14 hectolitres, alors qu'il dépend de nous de porter son
rendement à 30 hectolitres.

Le moyen d'y parvenir n'a rien de mysté-
rieux; on en trouvera l'indication dans ce petit
livre, qui est destiné aux populations de nos
campagnes et surtout à l'instruction de leurs

enfants; il n'est pas moins pratique par son origine que par son but. Toutes les prescriptions qu'il contient résultent des expériences faites depuis huit ans au *Champ d'expériences de Vincennes.*

Mes jeunes lecteurs ignorent peut-être qu'il existe un champ d'expériences à Vincennes, et ils seront curieux d'apprendre ce qu'il est. Je leur répondrai que c'est une école pratique de culture, sans précédent dans notre pays, dont la première pensée appartient à l'Empereur, qui en fait les frais. Cette école a pour destination d'enseigner aux agriculteurs les procédés les plus sûrs pour obtenir toujours de belles récoltes.

On trouvera dans le cours de ces entretiens quatre ou cinq expressions qui pourraient embarrasser le lecteur, et qu'on ne peut cependant ni remplacer, ni supprimer; le lexique placé à la fin du volume en fournira l'explication.

GEORGES VILLE.

L'ÉCOLE

DES

ENGRAIS CHIMIQUES.

CHAPITRE PREMIER.

Formation et substance des plantes. — Fertilité ou stérilité des terres. — Le fumier de ferme et les engrais chimiques. — L'engrais chimique complet.

D. Pour obtenir des récoltes, on ensemence chaque année la terre : comment chaque grain de la semence devient-il une plante ?

R. Toutes les graines contiennent un germe qui se développe et duquel naissent les plantes. Au début de leur formation, les plantes vivent en totalité des produits contenus dans la graine. Plus tard, elles vivent de substances tirées de l'air et du sol. L'air donne la substance à la plante par les feuilles, et le sol la donne par les racines.

D. L'air pourrait-il, au besoin, suffire à la formation des plantes ?

R. Non, jamais; il lui faut de plus le concours des éléments que le sol contient seul et que seul il peut donner.

D. Le sol est-il toujours pourvu des substances que la végétation a besoin d'y trouver?

R. Bien au contraire; il en manque souvent. Tandis que la composition de l'air est partout la même, celle de la terre varie à l'infini, ce qui en modifie les propriétés et la fécondité.

D. Peut-on obtenir indéfiniment de belles récoltes d'une terre qu'on se borne à labourer et à préparer mécaniquement d'après les traditions de la pratique?

R. Non, sous l'empire de ce régime, les récoltes diminuent très-rapidement et la terre perd peu à peu sa fertilité.

D. Les récoltes épuisent donc la terre?

R. C'est un fait démontré par l'expérience universelle.

D. Quelle différence y a-t-il entre une terre naturellement stérile et une terre épuisée par la culture?

R. Aucune. Elles donnent de mauvaises récoltes toutes deux, parce qu'elles manquent toutes deux des substances sans lesquelles les plantes ne peuvent prospérer, la terre naturellement stérile n'ayant jamais possédé ces substances et la terre épuisée les ayant perdues par une trop longue succession de récoltes.

D. Pour que la terre conserve sa fertilité, que faut-il faire?

R. Lui redonner sous certaines formes les éléments que les récoltes lui ont successivement enlevés, et sans lesquels il n'y a pas, je le répète, de production durable.

D. Et pour rendre fertile une terre qui ne l'est pas naturellement?

R. Il faut l'enrichir des mêmes substances qu'on rend aux terres épuisées. C'est ce qu'on appelle fumer la terre.

D. Comment fume-t-on ordinairement la terre?

R. En y répandant les déjections et la litière des animaux, autrement dit du fumier de ferme.

D. Pourquoi le fumier agit-il sur la terre?

R. Parce qu'il contient *de la matière azotée, du phosphate de chaux, de la potasse* et *de la chaux*, qui sont les agents par excellence de la fertilité et la matière première de toutes les récoltes.

D. Le fumier ne renferme-t-il que ces quatre substances?

R. Il en contient au moins dix autres, mais dont il n'est pas nécessaire de nous occuper, parce que les plantes les trouvent toujours dans l'air et dans la terre.

D. Les terres stériles ou épuisées manquent donc de matière azotée, de phosphate de chaux, de potasse et de chaux?

R. Précisément.

D. Au moyen de ces quatre corps peut-on toujours rendre une terre fertile?

R. Oui, on peut y obtenir toujours de belles récoltes.

D. Est-il nécessaire que ces quatre corps soient à l'état de fumier de ferme pour être efficaces?

R. Cela n'est pas nécessaire. Leur mélange à l'état de produits chimiques jouit des mêmes propriétés.

Dans la pratique, l'engrais chimique se montre même plus efficace que le fumier, et cela est facile à comprendre. Dans le fumier, les quatre substances fertilisantes sont mêlées à des matières qui en ralentissent les bons effets, tandis que l'engrais chimique n'est formé que de parties actives dont l'absorption par les plantes est plus rapide et plus sûre; aussi, pour rappeler que son efficacité est partout certaine, je lui donnerai le nom d'*engrais complet*.

L'engrais complet, formé exclusivement de pro-

duits chimiques, est au fumier de ferme ce que le
métal est à son minerai, ce que la quinine est à l'é-
corce du quinquina. Le minerai contient le métal
mêlé à de la matière terreuse, le quinquina contient
la quinine au milieu de beaucoup de fibre ligneuse
sans valeur. L'engrais chimique est du fumier dé-
pouillé de toute matière inutile.

CHAPITRE II.

Du rôle propre à chacune des substances de l'engrais complet. — La suppression d'une seule de ces substances suffit pour amoindrir ou même pour annuler complétement l'effet des trois autres.

———

D. Pour obtenir de belles récoltes, est-il absolument nécessaire que la terre contienne de la matière azotée, du phosphate de chaux, de la potasse et de la chaux, c'est-à-dire les quatre substances dont l'engrais complet se compose?

R. C'est une condition de rigueur.

D. Si la terre manque de l'une de ces quatre substances, qu'arrive-t-il?

R. Malgré la présence des trois autres, la végétation reste languissante et on n'obtient que de mauvaises récoltes.

D. Comment sait-on qu'il en est ainsi?

R. Rien n'est plus facile à prouver.

On a choisi une terre de mauvaise qualité, comme celle du champ d'expériences de Vincennes, par exemple. On l'a cultivée pendant plusieurs années sans la fumer, jusqu'à ce que la récolte soit descendue presque à rien. Alors on a choisi sur cette terre six parcelles d'un are chacune, placées à la suite les unes des autres.

A la première, on n'a rien donné : la récolte a été à peu près nulle.

A la seconde, on a donné de la potasse : le résultat n'a pas été meilleur.

La troisième a reçu du phosphate de chaux sans plus de succès.

Même pauvreté sur la quatrième et la cinquième, auxquelles on a fourni isolément la chaux et la matière azotée.

Enfin, sur la sixième, on a mis tout ensemble matière azotée, phosphate de chaux, potasse et chaux, c'est-à-dire l'engrais complet : la végétation a été splendide et la récolte n'a rien laissé à désirer sous le rapport de l'abondance et de la qualité.

Mais ce n'est pas tout : sur une septième parcelle de la même terre, on a répandu un mélange de phosphate de chaux, de potasse et de chaux, c'est-à-dire l'engrais complet, à l'exclusion d'un seul des quatre termes, la matière azotée. Le résultat a été aussi défectueux que lorsqu'on n'avait employé qu'une seule de ces trois substances isolément.

La prééminence de l'engrais complet prouve bien que son effet est dû essentiellement à l'action collective qui naît de l'association des quatre substances qui le composent. Avant de terminer ce chapitre, laissez-moi vous dire que pour la facilité du discours j'appellerai désormais *engrais minéral* la réunion du phosphate de chaux, de la potasse et de la chaux, c'est-à-dire l'*engrais complet*, moins la *matière azotée*.

CHAPITRE III.

Aptitude de certaines plantes à tirer de l'air l'azote qui leur est nécessaire et qu'on peut par conséquent se dispenser de leur donner. — A l'égard de ces plantes, l'engrais minéral est aussi efficace que l'engrais complet.

D. S'il est vrai que l'engrais complet est seul efficace, parce que, seul, à raison des quatre substances qu'il contient, il réunit les conditions que réclame impérieusement la vie des plantes, l'engrais minéral, qui manque de matière azotée, ne doit jouir que d'une médiocre valeur ?

R. Il en est en effet ainsi pour la grande majorité des végétaux; il existe cependant certaines plantes sur lesquelles l'engrais minéral produit autant d'effet que l'engrais complet.

D. Quelles sont ces plantes ?

R. Les pois, les haricots, la luzerne, le trèfle, la canne à sucre, etc., pour ne citer que les plus importantes.

D. Ces plantes ne contiennent donc pas d'azote ?

R. Au contraire, elles en contiennent beaucoup. Une récolte de luzerne, par exemple, en contient deux ou trois fois plus qu'une récolte de froment.

D. D'où vient alors l'azote de ces plantes ?

R. De l'air, dont l'azote forme les quatre cinquièmes.

D. Pourquoi introduire de l'azote dans l'engrais, puisque l'air en contient des quantités considérables ?

R. Parce que la plupart des plantes n'ont pas la faculté de le tirer de l'air. A ce point de vue, on peut les diviser en deux groupes : le premier, comprenant les plantes qui puisent leur azote dans l'air, et le second, celles qui le prennent de préférence dans le sol. L'organisation des végétaux présente en effet ce contraste, qui nous oblige à distinguer dans la pratique agricole les plantes auxquelles il faut donner l'engrais complet de celles auxquelles l'engrais minéral suffit pour atteindre leur plein développement.

D. Les plantes qui réclament des engrais azotés ont-elles la faculté de puiser aussi de l'azote dans l'air ?

R. Oui, mais en quantité moindre et à la condition expresse que le sol soit pourvu d'une matière azotée pour assurer leur premier développement.

D. Sait-on pour quelle part le sol et l'air contribuent à fournir l'azote aux principales cultures?

R. Voici ce que les recherches les plus dignes de confiance nous ont appris à cet égard :

	Azote tiré de l'air	Azote tiré du sol.
Trèfle	la totalité	point.
Orge	80 p. %	20 p. %
Seigle	80 p. %	20 p. %
Blé	50 p. %	50 p. %
Betteraves	60 p. %	40 p. %
Colza	70 p. %	30 p. %

D. Comment peut-on prouver qu'il en est ainsi, et que les trèfles ou les pois par exemple ne prennent pas d'azote à la terre et le tirent en totalité de l'air ?

R. On peut le prouver de deux manières différentes : par des expériences de laboratoire et par la culture en pleine terre. Parlons d'abord des expériences de laboratoire, parce qu'ici tout est net et simple.

On a calciné de la terre dans un four à porcelaine pour détruire toute la matière azotée qu'elle contenait; on a ajouté à cette terre du phosphate de chaux, de la potasse et de la chaux, et pas trace de matière azotée; on a arrosé cette terre avec de l'eau distillée qui est de l'eau entièrement pure, et on y a semé du trèfle. La réussite a été complète et la récolte analysée contenait beaucoup d'azote qui ne pouvait provenir que de l'air, puisque le sol n'en contenait pas.

Les preuves tirées de la pratique ne sont pas moins décisives. Lorsqu'on cultive la terre sans la fumer, les récoltes deviennent très-rapidement mauvaises.

Cultive-t-on le froment une année sur deux, la

récolte est meilleure; fait-on alterner le froment avec les féveroles très-riches en azote, le rendement du froment ne change pas. L'alternance avec les féveroles est presque aussi favorable au froment qu'une année de jachère. Pourquoi? Parce que les féveroles puisent leur azote dans l'air, tandis que le froment le prend à la terre.

D. Je trouve en effet la démonstration évidente.

CHAPITRE IV.

Assimilabilité des engrais en général.

LE PROFESSEUR. On dit que les engrais sont assimilables lorsque les plantes peuvent les absorber, et les plantes ne les absorbent que lorsque les substances fertilisantes sont solubles. Aussi est-il généralement reconnu que le fumier d'étable ne produit tout son effet que lorsqu'une humidité suffisante en a produit la décomposition dans la terre.

D. Il peut donc arriver que des substances qui contiennent de l'azote, du phosphate de chaux, de la potasse et de la chaux en grande quantité, soient sans effet sur les végétaux?

R. Je puis vous le démontrer par un exemple à propos des matières azotées :

On emploie depuis longtemps dans la culture les déchets de corne et les chiffons de laine; mais on a reconnu que la corne en gros fragments ne produit presque pas d'effet, parce qu'elle est trop difficilement décomposable et que son azote ne passe pas à l'état soluble, de sorte qu'on n'emploie que la corne fine, qui entre promptement en décomposition.

Autre exemple plus frappant. Le cuir, c'est la peau rendue insoluble et inaltérable par le tannage.

Or dans la peau l'azote est assimilable, et dans le cuir il ne l'est pas.

La peau est un bon engrais, et le cuir est un engrais inefficace.

D. En est-il pour le phosphate de chaux, la potasse et la chaux, comme pour l'azote?

R. Les bons effets de ces trois produits sont subordonnés à leur dissolution. Il y a un grand nombre de substances qui contiennent du phosphate de chaux, de la potasse et de la chaux, et qui cependant n'agissent pas comme engrais, parce qu'elles ne sont pas assimilables par les plantes. Par exemple, il existe dans la nature des gisements considérables de phosphate de chaux qu'on ne peut utiliser qu'après les avoir traités par l'acide sulfurique pour les rendre assimilables. Même observation à l'égard des granits et des porphyres, qui forment des chaînes de montagnes et qu'on ne peut employer comme engrais, bien qu'ils contiennent beaucoup de potasse et de chaux, parce que ces deux substances y sont à l'état insoluble, et par conséquent sans action sur les plantes.

D. On pourrait donc, à la rigueur, concevoir une terre riche en azote, en phosphate de chaux, en potasse et en chaux, et qui serait cependant stérile?

R. Cette supposition est d'autant plus légitime que dans les terres naturelles une grande partie de leurs éléments de fertilité y sont à l'état insoluble et n'ont pas plus d'influence sur les récoltes que le sable, l'argile et le gravier.

D. La présence dans le sol d'éléments de fertilité non assimilables est-elle cependant absolument inutile?

R. Non, car par l'action combinée de la lumière, de la chaleur, de l'air, de la sécheresse, de la gelée, ces éléments éprouvent une décomposition lente qui les fait passer en partie à l'état soluble, mais pas d'une manière assez complète pour produire de bonnes récoltes. Ceci explique l'utilité des jachères. Les éléments du sol, devenus solubles pendant l'année de jachère, profitent aux plantes qu'on y cultive l'année d'après.

D. Quels sont les produits commerciaux qui contiennent l'azote assimilable et que l'agriculture peut employer?

R. Le sulfate d'ammoniaque,

Le nitrate de soude,

Le nitrate de potasse,

Les matières d'origine animale telles que la poudrette, le sang et la chair desséchés, la corne, les chiffons de laine, etc.

D. Quelle est la teneur de ces divers produits en azote?

R. Dans le sulfate d'ammoniaque il y en a

20 p. o/o, dans le nitrate de soude 15, et dans le nitrate de potasse 14. Je ne dis rien des matières animales, parce que la fraude s'est tellement exercée sur ces produits que leur richesse n'a aucune fixité.

D. Peut-on employer indifféremment comme source d'azote le sulfate d'ammoniaque ou les nitrates?

R. A la rigueur, on le pourrait, mais la pratique agricole conseille de réserver les nitrates pour la betterave et les pommes de terre, et le sulfate d'ammoniaque pour le colza et les céréales.

D. Peut-on employer indifféremment le nitrate de soude et le nitrate de potasse?

R. Non, parce que la soude n'a aucune action sur les végétaux alors que la potasse en a une très-grande. Le nitrate de soude n'est utile que par l'azote qu'il contient, tandis que le nitrate de potasse l'est en outre par la potasse.

D. A richesse égale d'azote, les matières animales ont-elles la même valeur que le sulfate d'ammoniaque et le nitrate de soude?

R. Non, parce qu'en se décomposant une partie de leur azote se dégage dans l'air à l'état de gaz azote dont l'atmosphère est surabondamment pourvue.

D. La partie de l'azote des matières animales qui

agit sur les plantes, sous quelle forme est-elle absorbée?

R. A l'état de nitrate ou à celui d'un sel ammoniacal.

D. A combien s'élève la portion de l'azote qui est perdu pendant la décomposition des matières animales?

R. A 3o p. o/o environ de l'azote total.

D. Quels sont les produits commerciaux qui contiennent du phosphate de chaux?

R. La poudre d'os,
Le noir de raffinerie,
Le superphosphate de chaux ou phosphate acide.

D. Combien la poudre d'os contient-elle de phosphate de chaux?

R. 6o p. o/o environ.

D. D'où provient le noir de raffinerie?

R. Des fabriques de sucre, qui l'emploient pour décolorer le jus de betteraves.

D. Quelle est sa première origine?

R. Les os des animaux que l'on calcine à l'abri de l'air dans des vases clos.

D. Combien le noir de raffinerie contient-il de phosphate de chaux?

R. Sa richesse est très-variable, car elle est comprise entre 45 et 60 p. o/o.

D. Qu'entend-on par phosphate acide de chaux?
R. Un phosphate quelconque traité par l'acide sulfurique, qui a la propriété de le rendre entièrement soluble.

D. Combien les phosphates acides du commerce contiennent-ils de phosphate soluble?
R. Environ 40 p. o/o.

D. Quelle est la forme sous laquelle le phosphate de chaux produit les meilleurs effets?
R. Celle de phosphate acide, qu'on nomme aussi superphosphate de chaux.

D. Quels sont les produits commerciaux qui contiennent de la potasse et qui, à ce titre, peuvent entrer dans la composition des engrais chimiques?
R. Le nitrate de potasse, plus connu sous le nom de *sel de nitre* ou simplement de *nitre*, de préférence à tous les autres.

D. Mais n'aviez-vous pas fait figurer déjà ce produit parmi les matières azotées les plus efficaces?
R. Oui, car il contient à la fois 14 p. o/o d'azote et 47 p. o/o de potasse, assimilables tous deux, et dont la réunion ajoute à leur efficacité réciproque.

D. N'y a-t-il pas d'autres sources de potasse que le nitre?

R. Il y a la potasse des cendres et les potasses raffinées qu'on tire de diverses origines.

D. Quels sont les caractères de la potasse raffinée?

R. C'est une matière blanche, très-soluble dans l'eau, qui attire l'humidité de l'air et en absorbe de grandes quantités.

D. Quelle est la richesse de la potasse épurée?

R. Elle contient 52 p. o/o de potasse réelle.

D. Auquel des deux, nitrate de potasse ou potasse épurée, convient-il de donner la préférence?

R. Au nitrate de potasse, attendu que la potasse revient à 75 centimes le kilogramme dans ce produit, et à 1 fr. 50 cent. dans la potasse épurée.

D. L'azote du nitrate de potasse n'a-t-il jamais d'inconvénient?

R. Dans la pratique, jamais.

D. Vous avez dit qu'il y avait des végétaux sur lesquels l'engrais minéral était tout aussi efficace que l'engrais complet?

R. C'est vrai; mais, même à l'égard de ces végétaux, l'emploi du nitrate de potasse est préférable à celui de la potasse épurée, parce que son prix est moindre, et la quantité d'azote qu'il contient trop faible pour être nuisible.

D. Quelles sont les matières qui contiennent la chaux à l'état assimilable et qui peuvent par conséquent entrer dans la composition de l'engrais complet?

R. Le sulfate et le carbonate de chaux, ou en d'autres termes le plâtre et la craie.

D. Auquel des deux convient-il de donner la préférence?

R. Au plâtre (sulfate de chaux).

D. Pourquoi?
R. Parce qu'il est plus soluble.

D. Les engrais du commerce doivent-ils leurs bons effets aux quatre substances qui composent l'engrais complet?
R. Aux mêmes.

D. Quels avantages y a-t-il à leur préférer les engrais chimiques?
R. Je vous l'ai déjà dit. Étant entièrement solubles, ils sont plus sûrement et plus promptement absorbés par les végétaux, avantage auquel il faut ajouter que, leur composition ayant une fixité invariable, on ne peut les falsifier sans s'exposer aux plus graves poursuites, ce qui est une garantie pour les agriculteurs.

CHAPITRE V.

———

D. Chacun des termes de l'engrais a-t-il le même
degré d'importance pour toutes les plantes indistinctement ?

R. Bien loin de là : chaque terme l'emporte sur
les trois autres à l'égard d'un certain nombre de
plantes, au point de devenir le régulateur du rendement.

D. Cette fonction régulatrice et prépondérante se
manifeste-t-elle en l'absence des autres termes de
l'engrais ?

R. Oui et non. Oui, si le sol est pourvu naturellement de l'élément qui manque à l'engrais ; non,
si la terre manque elle-même de ces éléments.

D. Ceci revient donc à dire que la fonction prépondérante cesse en l'absence des autres termes de
l'engrais ?

R. Précisément.

D. Le degré d'importance de chaque terme de
l'engrais complet est donc subordonné à la nature
des plantes auxquelles on l'applique ?

R. Oui, et, pour exprimer cet effet remarquable, j'ai appelé et nous appellerons *dominante* celle des quatre substances dont la fonction l'emporte sur les trois autres, par rapport à une plante déterminée.

D. Quelles sont les plantes à l'égard desquelles la matière azotée remplit le rôle prédominant?

R. Le froment et généralement toutes les céréales; par conséquent :

    l'orge,
    l'avoine,
    le seigle,

auxquels il faut ajouter :

    le colza,
    la betterave,
    le chanvre, etc.

D. Quelles sont les plantes que la potasse influence à son tour ?

R. Les pois,
    les haricots,
    les féveroles,
    le trèfle,
    le sainfoin,
    les vesces,
    la luzerne,
    le lin,
    les pommes de terre, etc.

D. Et les végétaux sur lesquels le phosphate de chaux agit de préférence?

R. Le maïs,
les topinambours,
les rutabagas,
les turneps,
les raves,
la canne à sucre, etc.

D. Et la chaux?

R. Elle ne paraît exercer d'action prépondérante bien accusée sur aucune plante, mais elle est nécessaire partout.

D. Quelle conclusion tirez-vous de ces indications?

R. C'est que dans la pratique il faut réduire autant qu'on peut la dose des éléments surbordonnés, et forcer au contraire la dose des éléments à fonction prépondérante.

D. Pourriez-vous raffermir ces indications par un exemple que la pratique agricole aurait consacré?

R. Rien ne m'est plus facile.

L'expérience nous a appris qu'au moyen de l'engrais suivant :

	À l'hectare.
Phosphate acide de chaux.	400^{kil}
Nitrate de potasse.	200
Nitrate de soude.	300
Sulfate de chaux.	400

dans lequel l'azote entre pour 73 kilogrammes, on pouvait obtenir 47,323 kilogrammes de betteraves par hectare.

Élève-t-on la dose du phosphate de chaux, de la potasse et de la chaux, le rendement ne change pas. Il n'augmente ni ne diminue. Porte-t-on au contraire la dose de l'azote de 73 à 100 kilogrammes, la récolte passe de 47,323 kilogrammes de racines à 51,000 kilogrammes. La dose de l'azote atteint-elle 130 kilogrammes, tous les autres termes de l'engrais restant les mêmes, le rendement atteint 59,660 kilogrammes de racines.

D. Mais, tout compte fait, y a-t-il profit à élever ainsi la dose de l'azote?

R. Un profit considérable.

D. Voudriez-vous en fournir la preuve par un compte en règle?

R. Avec l'engrais contenant 73 kilogrammes d'azote on a obtenu, avons-nous dit, 47,323 kilogrammes de betteraves, et 59,660 kilogrammes lorsque la dose de l'azote a été portée à 130 kilogrammes; ainsi, avec un surcroît de 60 kilogrammes d'azote, valant 120 francs, on a obtenu 12,347 kilogrammes de betteraves en plus, dont la valeur est de 246 fr. 94 cent.

D. Ce que vous dites là pour la betterave est-il vrai pour les autres plantes?

R. Parfaitement vrai; en voici une nouvelle preuve :

Avec l'engrais suivant :

	À l'hectare.
Phosphate acide de chaux..........	400^{kil}
Nitrate de potasse..............	200 (azote 28^{kil})
Sulfate de chaux...............	400

dans lequel l'azote figure pour 28 kilogrammes, on a obtenu à la Guadeloupe 40,000 kilogrammes de cannes à sucre effeuillées à l'hectare.

En portant la dose du phosphate de chaux de 400 à 600 kilogrammes, le rendement s'est élevé à 84,782 kilogrammes de cannes au lieu de 40,000; or les 200 kilogrammes de phosphate de chaux qui ont produit cet excédant de récolte valent 32 francs, tandis que l'excédant lui-même représente au moins 800 francs.

D. La matière azotée étant l'élément prépondérant dans l'engrais des céréales, il y aurait donc avantage à en employer de grandes quantités?

R. Un avantage manifeste, à la condition cependant de ne pas dépasser une certaine limite, car elles deviendraient alors décidément nuisibles.

D. Comment peuvent-elles devenir nuisibles?

R. En provoquant une végétation tellement exubérante que, pour peu que l'année soit pluvieuse, les céréales versent, et alors donnent beaucoup de paille et peu de grains.

D. Je vois d'après cela qu'il est de la dernière importance de fixer exactement la dose des engrais chimiques. Ne pensez-vous pas que c'est là un point capital?

R. Je le pense si bien que j'ai rassemblé les formules que mon expérience a consacrées à la suite de ces entretiens, parce que ces formules, se réduisant à des questions de chiffres, sont plus faciles à comprendre et à comparer dans un tableau où on les a toutes réunies que dans une exposition orale.

D. Peut-on appliquer ces formules à toutes les terres indistinctement?

R. D'une manière générale, on le peut. Je dirai même qu'au début il ne faut pas s'en écarter. Mais plus tard, lorsqu'on est devenu familier avec les lois qui règlent la production des végétaux, il est préférable de prendre en considération la richesse naturelle des terres en phosphate de chaux, en potasse, en chaux et en matière azotée; car si une ou plusieurs de ces substances s'y trouvent en surabondance, il est manifeste qu'on peut sans inconvénient en réduire la dose dans les engrais et aller même jusqu'à les supprimer entièrement sans que les rendements en soient affaiblis.

D. Comment acquérir la connaissance de ce que le sol contient et de ce qui lui manque?

R. Rien n'est plus facile. On a longtemps pensé que l'analyse chimique devait en donner les moyens, mais depuis on a reconnu qu'il fallait renoncer à cette espérance. Les quatre substances qui déterminent le degré de fertilité de la terre s'y trouvent à divers états : solubles, elles sont actives; insolubles, elles cessent de l'être. Or la chimie n'ayant pas réussi à faire ces distinctions nécessaires, son témoignage ne peut servir de guide à la pratique agricole. Aussi n'est-ce pas à la chimie que je vous proposerai d'avoir recours, mais à de simples essais de culture, à de petits champs d'expériences, ce qui est à la portée de tout le monde.

S'agit-il de savoir si une terre est pourvue de matière azotée? Après ce que je vous ai dit des plantes qui prennent leur azote dans l'air et des plantes qui le prennent dans le sol, il suffit de semer une poignée de froment sur un petit carré de terre où l'on a répandu de l'engrais minéral. Sans le secours de la matière azotée, l'engrais minéral n'a presque pas d'action sur le froment. Si donc la végétation de ce petit carré est prospère et donne une bonne récolte, c'est la preuve que la terre est suffisamment pourvue de matière azotée. Il faut bien qu'il en soit ainsi, puisque l'engrais n'en contenait pas.

S'agit-il au contraire de décider si la terre contient les trois éléments de l'engrais minéral, phosphate de chaux, potasse et chaux? Un petit semis de pois ou de féveroles sans le secours d'aucun engrais nous en donne le moyen. Si la végétation des pois est active et florissante, après ce que nous savons de l'efficacité de l'engrais minéral à l'égard des légumineuses, ce témoignage est décisif, tenez pour démontré que le sol est pourvu de phosphate de chaux, de potasse et de chaux.

Deux expériences qui exigent à peine deux ou trois mètres de surface suffisent donc pour acquérir ces deux indications, dont une culture judicieuse ne peut se passer.

D. Dans ce que vous venez de dire, il n'a été question que des minéraux pris ensemble; il y a cependant des cas où la terre peut contenir du phosphate de chaux et manquer de potasse assimilable. Comment faire pour le savoir?

R. On peut le savoir au moyen d'autres essais analogues aux précédents et tout aussi simples.

On institue, les unes à côté des autres, cinq petites cultures séparées de froment :

La première avec l'engrais complet;

La deuxième avec un engrais sans azote;

La troisième avec un engrais sans phosphate de chaux;

La quatrième avec un engrais sans potasse;

La cinquième avec un engrais sans sulfate de chaux.

La comparaison des cinq récoltes indique immédiatement ce qui manque à la terre.

Du moment qu'il nous a été démontré que l'engrais complet réalise seul toutes les conditions que la vie des plantes réclame, les engrais qui ne contiennent qu'une partie des substances dont l'engrais complet se compose n'en peuvent égaler les effets que si la terre supplée à ce qui leur manque.

La quotité de la récolte en bien ou en mal, rapportée à celle obtenue avec l'engrais complet, donne donc la mesure exacte de la richesse de la terre.

Ici, veuillez le remarquer, le témoignage est décisif et l'indication absolue. En voulez-vous un exemple? Je l'emprunterai au champ d'expériences de Vincennes. Comparez et méditez ces cinq indications.

Rendement à l'hectare en 1864.	Hectol. de froment.
Engrais complet......................	39
—————————— sans chaux..............	37
—————————— sans potasse............	28
—————————— sans phosphate.........	24
—————————— sans matière azotée......	13
Terre sans engrais....................	11

La corrélation est évidente, bien que le sol n'eût pas atteint en 1864 le degré d'épuisement auquel il est maintenant parvenu : il manquait déjà de minéraux et surtout de matière azotée.

D. Je conviens que le procédé est ingénieux et pratique, mais il me paraît bien long et bien compliqué; je doute que les agriculteurs consentent jamais à se livrer à de pareils essais qui, pour avoir de l'utilité, doivent marcher par séries de six ou sept à la fois et ne permettent de conclure qu'après un délai de cinq ou six mois ou même d'une année.

R. Un moment de réflexion suffira pour vous ramener à une appréciation plus juste des choses. Que reprochez-vous à la méthode d'investigation fondée sur des essais de culture? Sa lenteur? Mais ne voyez-vous pas que, grâce aux notions que je viens de vous présenter, tout ce qui vous entoure vous permet d'en pressentir les indications et y supplée dans une certaine mesure.

Sur une de vos terres la luzerne réussit et sur une autre elle vient mal ou pas du tout. Après ce que nous avons dit du rôle prédominant de la potasse à l'égard de la luzerne, ceci prouve que les couches profondes de la première terre contiennent de la potasse qui manque à celles de la seconde.

Sur une troisième terre, les pois et les féveroles sont prospères, alors que la luzerne ne réussit qu'à demi. Ce contraste nous indique que les couches superficielles que ne dépassent pas les racines des pois et des féveroles sont pourvues de potasse, alors que les couches profondes où se développent de préférence les racines de la luzerne en sont dépourvues.

Sur une quatrième terre, le blé, avec de médiocres fumures, verse facilement; ceci nous apprend que la terre contient de la matière azotée. Ces premières indications simplifient singulièrement les cultures expérimentales ou permettent de les réduire à deux ou trois termes.

Mais, malgré leur utilité, elles ne sont pas assez précises pour servir de guide à la pratique.

Quant aux essais que je prescris pour les compléter, il faut avoir à un bien haut degré le culte de la routine pour s'en effrayer. En quoi trois ou quatre petits carrés de deux ou trois mètres de surface peuvent-ils troubler le cours des travaux d'une exploitation?

L'agriculture est comme la guerre, il y faut de la décision avec discernement et une attention infatigable des moindres détails. Que penseriez-vous d'un marin qui n'observerait pas chaque jour les variations du baromètre et les déviations de la boussole, et qui négligerait de relever la position de son navire par l'observation des astres?

Vous penseriez que c'est un pauvre marin, et vous auriez grandement raison. Pour moi, plus j'approfondis les questions agricoles, plus je m'applique à démêler le jeu des intérêts qui s'y rapportent, et plus je demeure convaincu que c'est par les champs d'expériences que se fera la révolution agricole qui commence.

L'effet d'un champ d'expériences est irrésistible; en face des contrastes qu'il accuse, les hommes pratiques sentent instinctivement qu'il y a là une puissance jusqu'ici méconnue ou mal appliquée.

Ils comprennent qu'au lieu de ces engrais immondes dont l'emploi est presque toujours une source de mécomptes, il y a toutes sortes d'avantages à recourir à des substances plus simples, d'un titre constant, dont ils peuvent régler les doses suivant les besoins de leur terre.

Si vous plaignez votre peine, ne soyez pas agriculteur. L'agriculture n'a été appelée le premier des arts que parce qu'elle est un perpétuel combat. Tout l'intéresse, tout réagit sur elle : la pluie, le soleil, le vent, la sécheresse, la nature du sol, les habitudes locales, etc.

En agriculture, le bon sens vaut mieux que l'esprit ; or le bon sens vous dit que pour obtenir avec économie de bonnes récoltes il faut connaître d'abord la richesse naturelle de vos terres. Aucune peine ne doit vous coûter pour acquérir cette connaissance qui prime toutes les autres, puisque sans elle vous agissez au hasard, ce qui finit toujours par d'inévitables mécomptes. Trop heureux lorsqu'une expérience chèrement acquise vous donne les moyens de les réparer !

Enfin, comme dernier argument, consentez à jeter les yeux sur ce tableau et dites-moi si jamais la nature a parlé aux hommes voués aux soins de la terre un langage plus saisissant.

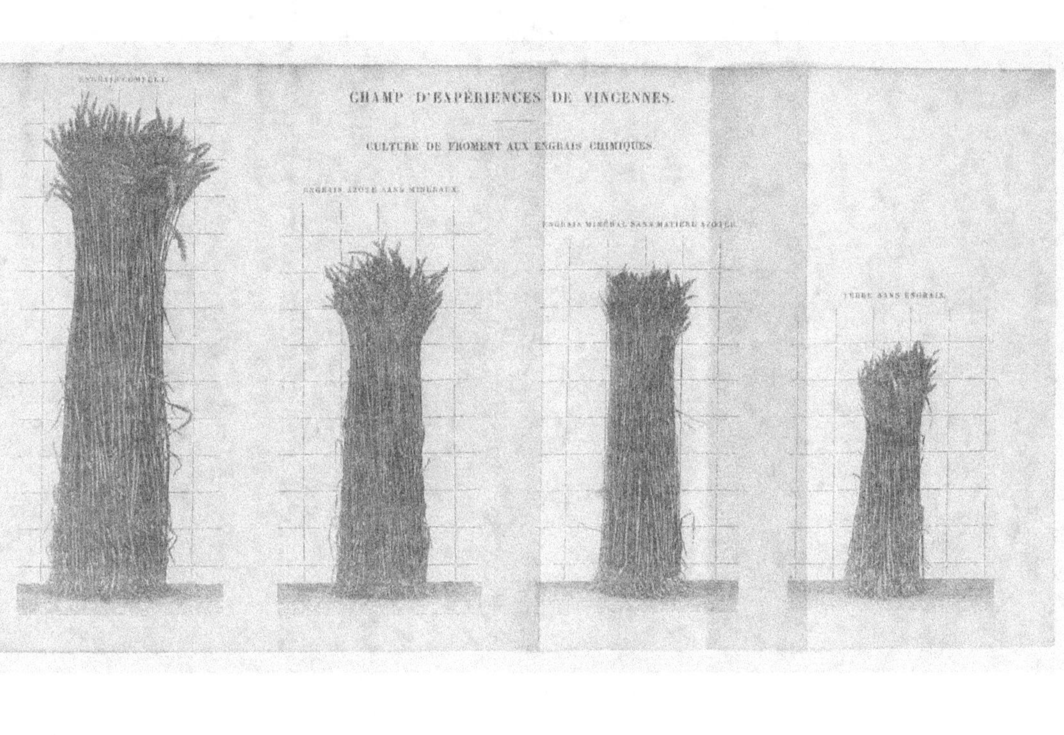

ENGRAIS COMPLET.
CHAMP D'EXPÉRIENCES DE VINCENNES.
CULTURE DE FROMENT AUX ENGRAIS CHIMIQUES.
ENGRAIS AZOTÉ SANS MINÉRAUX.
ENGRAIS MINÉRAL SANS MATIÈRE AZOTÉE.
TERRE SANS ENGRAIS.

CHAPITRE VI.

————

D. D'où vient le profit en agriculture ?

R. De l'abondance des fumures.

D. Pourquoi ?

R. Parce que l'engrais est la matière première de la récolte : pas d'engrais, pas de récolte; peu d'engrais, peu de récolte.

D. Je comprends bien que l'engrais influe sur la récolte, mais je ne m'explique pas que l'engrais soit la source du profit, car s'il élève le produit de la récolte, il augmente la dépense.

R. Pour que cette vérité vous apparaisse dans tout son jour, faisons le compte des frais d'une culture de froment rendant sur le pied de 14 hectolitres par hectare, qui est la moyenne de la production en France.

Les frais de culture se divisent en deux catégories : les frais fixes et les frais variables.

Les frais fixes comprennent :
Le loyer de la terre,
Les labours et autres travaux de culture,
Les frais généraux,
La semence.

Que l'on récolte peu ou beaucoup, la récolte supportera toujours ces frais. Il faudra toujours payer la rente de la terre, les impôts, les frais de labour, la semence.

Or ces frais étant invariables, plus on récolte d'hectolitres et plus la part de dépense qui pèse sur chaque hectolitre se trouvera diminuée.

D. Je commence à comprendre; mais, avant de continuer, dites-moi ce qu'on appelle *frais généraux?*

R. Ce sont les frais d'administration, l'intérêt du capital représenté par les bâtiments et les avances nécessaires dans la culture, les impôts, enfin toutes les dépenses qui échappent à la classification précédente et auxquelles on ne peut se soustraire, le blanchissage, l'éclairage, le chauffage, la nourriture, etc.

D. J'ai compris. Vous disiez donc que plus on produit d'hectolitres de froment par hectare et moins l'hectolitre coûte à produire : mettez, s'il vous plaît, des chiffres à côté des frais que vous avez annoncés.

R. Je le veux bien. Les chiffres qui suivent se rapportent à la moyenne culture.

	Par hectare.
Loyer...............................	45ᶜ
Frais généraux.......................	52
Labours et culture...................	43
Semence.............................	46
TOTAL...............	186

D. 186 francs pour produire combien ?

R. 14 hectolitres de grains et 2,000 kilogrammes de paille.

D. Ce qui met le prix de l'hectolitre de blé?

R. A 9 fr. 70 cent. s'il n'y avait pas d'autres frais ; mais il y en a d'autres.

D. Qui sont ?

R. Les frais d'engrais et de récolte, que l'on appelle *frais variables*, parce que, à l'égard de l'engrais, chacun fume comme il peut, et que pour la moisson, le battage du grain et le transport, la dépense augmente ou diminue suivant le rendement.

D. Je comprends ; mais continuez le compte.

R. Aux 186 francs de frais fixes il faut donc ajouter :

	Par hectare.
Fumure.............................	74ᶜ
Récolte, battage, etc................	34
TOTAL...............	108

Ce qui fait :

Frais fixes. 186ᶠ
Frais variables 108
Total. 294

294 francs au lieu de 186 francs.

Mais de ces 294 francs il faut retrancher 50 fr. qui représentent la valeur de la paille, ce qui fait descendre ce chiffre à 244 et met à 17 fr. 42 cent. le prix de l'hectolitre de blé.

D. Je continue à bien comprendre, mais ce qui me paraît curieux, c'est de voir comment, en dépensant plus d'engrais, le prix de l'hectolitre sera moindre.

R. C'est facile ; seulement, entendons-nous bien. Nous avons dit que l'engrais fait la récolte, n'est-il pas vrai? et qu'un champ où l'on porte vingt voitures de fumier produit plus qu'un champ où l'on n'en a porté que dix. Eh bien ! comptons :

Avec 74 francs de fumier on a produit 14 hectolitres de blé ;

Avec 174 de fumier on a produit 31 hectolitres.

Pour produire 31 hectolitres, on n'a pas payé plus d'impôt ; les frais pour la location de la terre sont restés les mêmes, on n'a pas labouré la terre deux fois, on n'y a pas répandu plus de semence. Tout se réduit à ces deux mots :

Excédant de blé produit. . . . . 17 hectolitres.
Excédant de dépense pour fumier. . 100 francs.

Ce qui met le prix de chaque hectolitre excédant à 4 fr. 20 cent.,

Et le prix de l'hectolitre pour toute la récolte à 10 francs au lieu de 17 fr. 42 cent.

D. 4 fr. 20 cent. et 10 francs au lieu de 17 fr. 42 cent. que coûtait le blé lorsqu'on ne dépensait que 74 francs pour le fumier ?

R. Comme vous le dites.

D. Vous n'avez pas tenu compte du surcroît de frais occasionné par la récolte et le battage de 17 hectolitres d'excédant ?

R. Parce que le surcroît de paille les couvre.

D. Le prix du blé reste donc ce que vous avez dit ?

R. Vous le voyez.

D. Mais alors le moyen de s'enrichir en agriculture est tout trouvé !

R. Il n'y a qu'à bien fumer la terre.

D. Et lorsqu'on n'a pas de fumier ?

R. On emploie les engrais chimiques.

Fumier et engrais chimiques, quinine et quinquina, c'est tout un.

D. Lorsqu'on emploie les engrais chimiques, seuls ou associés au fumier, que gagne-t-on ?

R. De 200 à 300 francs par hectare.

D. Mais ce que vous dites là est toute une révolution !

R. Qui doit donner à votre père plus de blé pour vous nourrir, à votre mère plus de chanvre et de laine pour vous confectionner des vêtements, et à vous, lorsque vous serez devenu un homme, plus de facilité encore pour élever votre famille.

APPENDICE.

Labours et préparation du sol.

Pour que le fumier et les engrais chimiques produisent tout leur effet, il faut que la terre ait été convenablement préparée. On a reconnu que les labours profonds sont l'une des conditions essentielles de succès dans la culture, et que les labours trop superficiels ont les plus graves inconvénients.

Nous ne pouvons mieux faire, pour mettre en évidence les avantages des labours profonds, que de reproduire les excellentes observations que M. Schattenmann a publiées sur cette matière :

« Dans le Bas-Rhin et sans doute dans beaucoup d'autres départements, les labours sont très-superficiels et n'atteignent généralement que 8 à 12 centimètres de profondeur. Ces couches arables sont évidemment insuffisantes et devraient être portées de 30 à 40 centimètres pour permettre aux plantes de végéter convenablement. Les substances minérales se trouvent dans la terre proportionnellement à l'épaisseur du sol arable; leur quantité serait doublée et triplée par des labours profonds, et les assolements seraient plus faciles. La plus grande partie des cultivateurs qui pratiquent les labours superficiels ne veulent pas s'en départir parce qu'ils craignent de ramener à la surface des terres stériles. C'est une erreur, car l'emploi de la charrue sous-sol permet de remuer le sous-sol sans le ramener à la surface de la terre, et ce sous-sol s'incorpore facilement à la couche arable. L'expérience a d'ailleurs démontré que les labours profonds n'ont que des avantages et sont exempts des inconvénients que redoutent beaucoup de cultivateurs. C'est un préjugé auquel il faut faire la guerre.

« Une couche arable de 8 à 15 centimètres d'épaisseur est insuffisante au développement des racines des plantes et pour les garantir contre la trop grande humidité comme contre la trop grande sécheresse. Les plantes tendant à prendre en terre le même développement qu'à la surface, il est évident qu'elles ne peuvent pas s'étendre convenablement dans une couche arable de 8 à 15 centimètres de profondeur. La condition essentielle de trouver une couche de terre meuble assez profonde n'existe donc pas dans les terres labourées superficiellement, surtout pour le tabac, le colza, la féverole, la luzerne, les betteraves, les carottes et autres plantes poussant des racines profondes, ni même pour les céréales, que l'on croit généralement végéter à la surface, mais dont les racines sont également profondément en terre lorsqu'elles trouvent une terre ameublie fertile.

« Dans une couche arable de 8 à 15 centimètres de profondeur, les racines des plantes ne peuvent prendre leur développement naturel et souffrent de plus cruellement de toutes les intempéries. S'il pleut abondamment, les plantes sont noyées et l'eau s'écoule de la surface des champs en entraînant les matières solubles qui sont les plus fertilisantes ; lorsque le beau temps survient, la terre, imprégnée d'eau, en séchant, se prend en masse et forme une couche compacte qui emprisonne les racines et porte obstacle à leur développement. Si la sécheresse persiste, les plantes dont les racines se trouvent dans une couche superficielle manquent d'humidité, restent stationnaires ou dépérissent.

« Dans une couche arable de 3o à 4o centimètres d'épaisseur obtenue par des charrues de surface et de sous-sol, au contraire, les plantes peuvent pénétrer et se développer convenablement, et se trouvent à l'abri des intempéries de la sécheresse. Une couche de terre de cette profondeur absorbe facilement l'eau ; en cas de pluie abondante, les eaux y pénètrent, et en cas de surabondance, elles s'écoulent par le fond, filtrées comme par un drainage, sans entraîner ni terre ni engrais. Lorsque la pluie cesse, la terre se ressuie immédiatement à la surface, et en séchant elle ne se prend plus en masses compactes comme cela arrive lorsque le sol est trop humide. Survient-il une longue sécheresse, les racines des plantes qui ont pénétré dans une couche profonde y trouvent l'humidité suffisante pour prospérer. »

Manière d'employer les engrais chimiques.

L'emploi des engrais chimiques demande des précautions exceptionnelles : comme les armes de précision, ils ne donnent la véritable mesure de leur puissance que dans les mains de ceux qui savent s'en servir.

Il faut d'abord les répandre avec le plus d'uniformité possible, immédiatement après le dernier labour, comme s'il s'agissait d'un semis à la volée. Après l'épandage, on herse avec soin pour les mêler à la couche superficielle du sol.

Un temps brumeux et calme est le plus convenable. Il faut ajourner l'épandage lorsqu'il fait un vent trop fort, parce qu'une grande partie de l'engrais serait entraînée et perdue. Quand on opère à la main, pour rendre l'épandage plus uniforme, il est avantageux de mêler l'engrais avec son volume de terre sèche et fine. On le divise au préalable en petits tas qu'on dépose sur les lots de terre auxquels ils sont destinés.

Dans la grande culture, il est préférable de se servir des excellentes machines que l'on possède maintenant pour répandre des engrais pulvérulents.

Un épandage bien fait suffit pour élever le rendement de 2 ou 3 hectolitres par hectare.

Pour la vigne, il faut opérer autrement :

On répand la moitié de l'engrais sur le sol en traînées de 3o centimètres de large, à 2o centimètres des rangées de ceps, et on l'enterre à la bêche par un labour profond; le reste de l'engrais est répandu à la surface de la partie labourée.

On peut encore pratiquer à la charrue, toujours à 2o centimètres des ceps, deux tranchées parallèles de 3o centimètres de profondeur, répandre la moitié de l'engrais au fond de la tranchée, la recouvrir de terre et répandre le reste de l'engrais à la surface.

On doit fumer la vigne à l'automne.

Sans revenir sur ce que j'ai dit de la haute efficacité des engrais chimiques, je dois insister cependant sur les ressources qu'on peut tirer de leur emploi pour combattre les effets d'une année défavorable.

Lorsque l'hiver a été rigoureux et qu'il s'est prolongé au delà de sa limite ordinaire, les blés et généralement toutes les graminées sont souvent fort compromis; avec 1oo à 2oo kilogrammes de sulfate d'ammoniaque ou 15o à 25o kilogrammes de nitrate de soude mêlés à 2oo kilogrammes de plâtre que l'on répand en couverture au commencement de mars, on peut changer en quelques jours l'état d'une culture et assurer la récolte. L'effet des fumures en couverture a quelque chose de magique.

Mais ici encore il y a des précautions à prendre. Il ne faut pas attendre plus tard que la mi-mars. Administrées en avril et en mai, elles impriment à la végétation une activité extraordinaire, et, par suite du développement exagéré que prend la paille, le grain se forme mal, il est peu abondant et maigre.

Lorsque l'automne a été pluvieux et que les ensemencements se font tardivement faute de temps, on peut répandre l'engrais en couverture après l'entière levée du grain. Mais, toutes les fois qu'il s'agit de fumures en couverture, il faut choisir un temps calme. Or, avec le fumier, la ressource des fumures en couverture fait complétement défaut. Au printemps, on n'emploie guère en couverture que le sulfate d'ammoniaque ou le nitrate de soude; ces deux produits peuvent suffire à la rigueur. Je préfère cependant leur associer 200 kilogrammes de phosphate acide de chaux mêlés à 200 kilogrammes de plâtre.

Passons aux formules d'engrais qui conviennent aux principaux assolements. Je considérerai deux cas : celui où les engrais chimiques sont employés *seuls* et celui où on les associe au fumier d'étable.

Les prix des matières premières qui entrent dans la composition des engrais chimiques sont en ce moment les suivants :

Phosphate acide de chaux .... 16^f les 100 kilos.
Nitrate de potasse .... 62 —
Nitrate de soude .... 35 —
Sulfate d'ammoniaque........ 45 —
Sulfate de chaux .... 2 —

PREMIER CAS.
Les engrais chimiques employés seuls, à l'exclusion du fumier.

CULTURE EXCLUSIVE DU FROMENT.

PREMIÈRE ANNÉE.

Blé.

À L'HECTARE.

	Quantités.	Prix.	Dépense.
Phosphate acide de chaux........	400^{kil}	64^f 00^c	
Nitrate de potasse..............	200	134 00	
Sulfate d'ammoniaque..........	250	112 50	307^f 50^c
Sulfate de chaux..............	350	7 00	

DEUXIÈME ANNÉE.

Blé.

Sulfate d'ammoniaque..........	300	135 00	135 00

TROISIÈME ANNÉE.

Blé.

	Quantités.	Prix.	Dépense.
Phosphate acide de chaux.......	200	32 00	
Nitrate de potasse.............	100	62 00	
Sulfate d'ammoniaque..........	200	90 00	190 00
Sulfate de chaux..............	300	6 00	

QUATRIÈME ANNÉE.

Blé.

Sulfate d'ammoniaque..........	300	135 00	135 00

Dépense pour quatre ans........		767 50
Dépense par an................		191 90

La culture exclusive du froment a pour résultat inévitable de favoriser la multiplication des mauvaises herbes, à tel point que, pour maintenir les rendements à un niveau élevé, il faut avoir recours chaque année à plusieurs binages, ce qui occasionne une assez grande dépense. On échappe à cet inconvénient en remplaçant le troisième blé par une culture de pommes de terre ou de trèfle. Si on se décide pour la pomme de terre, il faut employer l'engrais suivant :

Phosphate acide de chaux	200^{kil}	32^f	
Nitrate de potasse	200	124	197^f
Nitrate de soude	100	35	
Sulfate de chaux	300	6	

Ce changement élève la dépense de la troisième année de 17 francs et porte la dépense annuelle à 183 francs au lieu de 178 fr. 75 cent.

Si on donne la préférence au trèfle, il faudrait supprimer le nitrate de soude de l'engrais précédent, ce qui fera descendre la dépense de la troisième année de 197 francs à 172 francs.

CULTURE ALTERNANTE DE COLZA ET DE BLÉ.

PREMIÈRE ANNÉE.

Colza.

	À L'HECTARE.		
	Quantités.	Prix.	Dépense.
Phosphate acide de chaux................	400^{kil}	64^f 00^c	
Nitrate de potasse....................	130	80 60	331^f 60^c
Sulfate d'ammoniaque.................	400	180 00	
Sulfate de chaux....................	350	7 00	

DEUXIÈME ANNÉE.

Blé.

Sulfate d'ammoniaque...............	300	135 00	135 00
Cendres des pailles et des siliques de colza................................	"	" "	Mémoire.
Dépense totale.................			466 60
Dépense par an.................			233 30

On brûle les pailles et les siliques de colza sur le champ et on répand la cendre à la surface du sol après le premier labour, comme pour les engrais chimiques. Le sulfate d'ammoniaque est répandu en couverture après le deuxième labour. Au lieu de brûler les pailles et les siliques de colza, on peut même avec plus d'avantage les faire pourrir en se conformant aux prescriptions données dans nos *Entretiens agricoles*.

ASSOLEMENT DE CINQ ANS, COMPRENANT :

POMMES DE TERRE, BLÉ, TRÈFLE, COLZA, BLÉ.

PREMIÈRE ANNÉE.

Pommes de terre.

	Quantités.	Prix.	Dépense.
			À L'HECTARE.
Phosphate acide de chaux.........	400^{kil}	64^f	
Nitrate de potasse...............	300	186	} 256^f 00^c
Sulfate de chaux.................	300	6	

DEUXIÈME ANNÉE.

Blé.

	Quantités.	Prix.	Dépense.
Sulfate d'ammoniaque............	300	135	135 00

TROISIÈME ANNÉE.

Trèfle.

	Quantités.	Prix.	Dépense.
Phosphate acide de chaux.........	400	64	
Nitrate de potasse...............	200	124	} 196 00
Sulfate de chaux.	400	8	

QUATRIÈME ANNÉE.

Colza.

	Quantités.	Prix.	Dépense.
Sulfate d'ammoniaque...........	400	180	180 00

CINQUIÈME ANNÉE.

Blé.

	Quantités.	Prix.	Dépense.
Sulfate d'ammoniaque...........	300	135	
Cendres des pailles et des siliques de colza.	»	Mémoire.	} 135 00

Dépense totale..................	902 00
Dépense par an.................	180 40

ASSOLEMENT DE QUATRE ANS, COMPRENANT :

POMMES DE TERRE, BLÉ, TRÈFLE, BLÉ.

PREMIÈRE ANNÉE.

Pommes de terre.

À L'HECTARE.

	Quantités.	Prix.	Dépense.
Phosphate acide de chaux............	400^{kil}	64^f ⎫	
Nitrate de potasse..................	300	186 ⎬	256^f 00^c
Sulfate de chaux...................	300	6 ⎭	

DEUXIÈME ANNÉE.

Blé.

Sulfate d'ammoniaque..............	300	135	135 00

TROISIÈME ANNÉE.

Trèfle.

Phosphate de chaux................	400	64 ⎫	
Nitrate de potasse.................	200	124 ⎬	196 00
Sulfate de chaux..................	400	8 ⎭	

QUATRIÈME ANNÉE.

Blé.

Sulfate d'ammoniaque.............	300	135	135 00
Dépense totale.................			722 00
Dépense par an.................			180 50

ASSOLEMENT DE QUATRE ANS, COMPRENANT :

BETTERAVES, BLÉ, TRÈFLE, BLÉ.

PREMIÈRE ANNÉE.

Betteraves.

À L'HECTARE.

	Quantités.	Prix.	Dépense.
Phosphate acide de chaux...............	400^{kil}	64^f	
Nitrate de potasse.....................	200	124	334^f
Nitrate de soude......................	400	140	
Sulfate de chaux.....................	300	6	

DEUXIÈME ANNÉE.

Blé.

Sulfate d'ammoniaque...............	300	135	135

TROISIÈME ANNÉE.

Trèfle.

Phosphate acide de chaux............	400	64	
Nitrate de potasse..................	200	124	196
Sulfate de chaux...................	400	8	

QUATRIÈME ANNÉE.

Blé.

Sulfate d'ammoniaque...............	300	135	135

Dépense totale.................		800
Dépense par an.................		200

ASSOLEMENT DE DEUX ANS, COMPRENANT :

MAÏS, BLÉ.

PREMIÈRE ANNÉE.

Maïs.

	À L'HECTARE.		
	Quantités.	Prix.	Dépense.
Phosphate acide de chaux............	600^{kil}	96^f	
Nitrate de potasse.................	200	124	$228^f\,00^c$
Sulfate de chaux..................	400	8	

DEUXIÈME ANNÉE.

Blé.

Sulfate d'ammoniaque.............	300	135	135 00
Dépense totale................			363 00
Dépense par an................			181 50

ASSOLEMENT DE SIX ANS, COMPRENANT :

LIN, BETTERAVES, FROMENT, COLZA, FROMENT; AVOINE, SEIGLE OU ORGE.

PREMIÈRE ANNÉE.

Lin.

	À L'HECTARE.		
	Quantités.	Prix.	Dépense.
Phosphate acide de chaux............	400^{kil}	64^c	
Nitrate de potasse....................	200	124	196^f 00^c
Sulfate de chaux.....................	400	8	

DEUXIÈME ANNÉE.

Betteraves.

Phosphate acide de chaux...........	400	64	
Nitrate de potasse...................	3oo	186	361 00
Nitrate de soude.....................	3oo	1o5	
Sulfate de chaux.....................	3oo	6	

TROISIÈME ANNÉE.

Froment.

Sulfate d'ammoniaque..............	3oo	135	135 00

QUATRIÈME ANNÉE.

Colza.

Phosphate acide de chaux..........	400	64	
Sulfate d'ammoniaque..............	400	180	252 00
Sulfate de chaux....................	400	8	

A reporter.......... 944 00

CINQUIÈME ANNÉE.

Froment.

À L'HECTARE.

	Quantités.	Prix.	Dépense.
Report..........................			944^f 00^c
Cendres de pailles et de siliques de colza enterrées par un premier labour...	Mémoire.		} 135 00
Sulfate d'ammoniaque...............	300^{kil}	135^c	

SIXIÈME ANNÉE.

Avoine, seigle ou orge.

Sulfate d'ammoniaque...............	200	90	90 00
Dépense totale..................			1,169 00
Dépense par an..................			194 85

ASSOLEMENT A FOURRAGE.

PREMIÈRE ANNÉE.

Froment.

À L'HECTARE.

	Quantités.	Prix.	Dépense.
Phosphate acide de chaux................	400^{kil}	64^f 00^c	
Nitrate de potasse....................	200	124 00	307^f 50^c
Sulfate d'ammoniaque..................	250	112 50	
Sulfate de chaux.....................	350	7 00	

DEUXIÈME ANNÉE.

Trèfle.

Phosphate acide de chaux............	400	64 00	
Nitrate de potasse.................	200	124 00	196 00
Sulfate de chaux...................	400	8 00	

TROISIÈME ANNÉE.

Froment.

Sulfate d'ammoniaque.............	300	135 00	135 00

QUATRIÈME ANNÉE.

Vesces, féveroles, maïs mêlés.

Phosphate acide de chaux...........	400	64 00	
Nitrate de potasse.................	200	124 00	196 00
Sulfate de chaux...................	400	8 00	

CINQUIÈME ANNÉE.

Froment.

Sulfate d'ammoniaque.............	300	135 00	135 00

À reporter......	969 50

SIXIÈME ANNÉE.

Vesces, féveroles, maïs mêlés.

		Quantités	Prix	Dépense
	Report...........			969^f 50^c
Phosphate de chaux...........	400^{kil}	64^f 00^c	
Nitrate de potasse...........	200	124 00	196 00
Sulfate de chaux...........	400	8 00	
Dépense totale...........			1,165 50
Dépense par an...........			194 25

ENGRAIS POUR LUZERNE.

PREMIÈRE ANNÉE ET SUIVANTES.

À L'HECTARE.

	Quantités.	Prix.	Dépense.
Phosphate acide de chaux.........	400^{kil}	64^f 00^c	
Nitrate de potasse.............	200	124 00	196^f 00^c
Sulfate de chaux.............	400	8 00	

ENGRAIS POUR PRAIRIE.

PREMIÈRE ANNÉE.

À L'HECTARE.

	Quantités.	Prix.	Dépense.
Phosphate acide de chaux.........	400^{kil}	64^f 00^c	
Nitrate de potasse.............	200	124 00	196^f 00^c
Sulfate de chaux.............	400	8 00	

DEUXIÈME ANNÉE.

	Quantités.	Prix.	Dépense.
Sulfate d'ammoniaque...........	300	135 00	135 00
Dépense totale...........			331 00
Dépense par an...........			165 50

ENGRAIS POUR LA VIGNE.

TOUS LES DEUX ANS.

À L'HECTARE.

	Quantités.	Prix.	Dépense.
Phosphate acide de chaux...............	600^{kil}	96^f	
Nitrate de potasse....................	500	310	414^f
Sulfate de chaux....................	400	8	
Dépense totale..................			414^f
Dépense par an....................			207

DEUXIÈME CAS.

Les engrais chimiques employés comme auxiliaires du fumier.

Lorsqu'on emploie les engrais chimiques de concert avec le fumier, il faut considérer celui-ci comme l'équivalent d'un fonds de richesse acquise par le sol et borner l'engrais chimique à celui des quatre termes de l'engrais qui convient de préférence à la culture de l'année.

Supposons donc l'emploi de 50,000 kilogrammes de fumier par hectare tous les cinq ans; voici les engrais chimiques les plus convenables.

Je l'ai dit bien des fois et je dois le répéter encore, chacun des termes de l'engrais complet remplit une fonction subordonnée ou prédominante. Or, lorsqu'on se sert à la fois de fumier et d'engrais chimiques, on doit n'employer que les dominantes. Il suit de là qu'il est du plus haut intérêt de connaître la dominante de chaque plante : le tableau suivant est destiné à vous fournir cette première indication indispensable.

NATURE des cultures.	DOMINANTES.	PRODUITS CHIMIQUES correspondants.
Betteraves........ Colza........ Froment........ Orge........ Avoine........ Seigle........ Prairie naturelle........	Azote.......	Sulfate d'ammoniaque. Nitrate de soude. Nitrate de potasse.
Pois........ Haricots........ Féveroles........ Trèfle........ Sainfoin........ Vesces........ Luzerne........ Lin........ Pommes de terre........	Potasse.....	Nitrate de potasse. Potasse épurée. Silicate de potasse.
Turneps........ Rutabagas........ Maïs........	Phosphate...	Noir de raffinerie. Cendres d'os. Superphosphate.

ASSOLEMENT COMPRENANT :

POMMES DE TERRE, FROMENT, TRÈFLE, FROMENT, AVOINE.

PREMIÈRE ANNÉE.

Pomme de terre.

	À L'HECTARE.		
	Quantités.	Prix.	Dépense.
Fumier.....................	50,000^{kil}	Mémoire.	»

ENGRAIS CHIMIQUES COMPLÉMENTAIRES.

Phosphate acide de chaux....	200	32^f	
Nitrate de potasse...........	100	62	98^f 00^c
Sulfate de chaux...........	200	4	

DEUXIÈME ANNÉE.

Blé.

Sulfate d'ammoniaque......	300	135	135 00

TROISIÈME ANNÉE.

Trèfle.

Phosphate acide de chaux....	200	32	
Nitrate de potasse...........	200	124	164 00
Sulfate de chaux...........	400	8	

QUATRIÈME ANNÉE.

Blé.

Sulfate d'ammoniaque......	200	90	90 00

CINQUIÈME ANNÉE.

Avoine.

Sulfate d'ammoniaque......	300	135	135 00
Dépense totale...............			622 00
Dépense annuelle supplémentaire.			124 40

ASSOLEMENT COMPRENANT :

BETTERAVES, BLÉ, TRÈFLE, BLÉ, AVOINE.

PREMIÈRE ANNÉE.

Betteraves.

	À L'HECTARE		
	Quantités.	Prix.	Dépense.
Fumier..........................	50,000^{kil}	Mémoire.	#

ENGRAIS CHIMIQUES COMPLÉMENTAIRES.

Phosphate de chaux.............	200	32^c	
Nitrate de potasse.............	200	124	230^f 00^c
Nitrate de soude..............	200	70	
Sulfate de chaux..............	200	4	

DEUXIÈME ANNÉE.

Blé.

Sulfate d'ammoniaque...........	300	135	135 00

TROISIÈME ANNÉE.

Trèfle.

Phosphate acide de chaux....	300	48	
Nitrate de potasse...........	150	93	149 00
Sulfate de chaux............	400	8	

QUATRIÈME ANNÉE.

Blé.

Sulfate d'ammoniaque........	200	90	90 00

CINQUIÈME ANNÉE.

Avoine.

Sulfate d'ammoniaque.......	200	90	90 00
Dépense totale................			694 00
Dépense annuelle supplémentaire.			138 80

ASSOLEMENT COMPRENANT :

COLZA, BETTERAVES, FROMENT, TRÈFLE, BLÉ.

PREMIÈRE ANNÉE.

Colza.

À L'HECTARE.

	Quantités.	Prix.	Dépense.
Fumier........................	50,000^{kil}	Mémoire.	#

ENGRAIS CHIMIQUES COMPLÉMENTAIRES.

Sulfate d'ammoniaque........	3oo	135^f	135^f oo^c

DEUXIÈME ANNÉE.

Betteraves.

Cendres des pailles et des siliques de colza..		Mémoire.	
Phosphate acide de chaux....	2oo^{kil}	3 2^f	26l oo
Nitrate de potasse..........	2oo	124	
Nitrate de soude...........	3oo	1o5	

TROISIÈME ANNÉE.

Froment.

Sulfate d'ammoniaque........	3oo	135	135 oo

QUATRIÈME ANNÉE.

Trèfle.

Phosphate acide de chaux....	3oo	48	18o oo
Nitrate de potasse..........	2oo	124	
Sulfate de chaux...........	4oo	8	

CINQUIÈME ANNÉE.

Froment.

Sulfate d'ammoniaque........	2oo	9o	9o oo
Dépense totale.................			8o1 oo
Dépense annuelle supplémentaire.			16o 2o

ASSOLEMENT DE SIX ANS, COMPRENANT :

LIN, BETTERAVES, FROMENT, COLZA, FROMENT; AVOINE, SEIGLE
OU ORGE.

PREMIÈRE ANNÉE.

Lin.

À L'HECTARE.

	Quantités.	Prix.	Dépense.
Phosphate acide de chaux.....	400^{kil}	64^f	
Nitrate de potasse............	200	124	196^f
Sulfate de chaux	400	8	

DEUXIÈME ANNÉE.

Betteraves.

Fumier répandu en automne...	50,000	Mémoire.	
Au printemps :			
Nitrate de potasse............	200	124	194
Nitrate de soude.............	200	70	

TROISIÈME ANNÉE.

Froment.

Sulfate d'ammoniaque.........	300	135	135

QUATRIÈME ANNÉE.

Colza.

Phosphate acide de chaux	400	64	
Sulfate d'ammoniaque........	400	180	252
Sulfate de chaux.............	400	8	
A reporter............			777

CINQUIÈME ANNÉE.

Froment.

Report........ 777^f

Cendres de pailles et de siliques de colza enterrées par
  un premier labour......... $\#$ mémoire. } 135
Sulfate d'ammoniaque........   300^{kil} 135^f }

SIXIÈME ANNÉE.

Avoine, seigle ou orge.

Sulfate d'ammoniaque........   200   90   90

Dépense totale................ 1,002
Dépense par an................ 167

Au lieu de débuter par un essai en grand, je préfère voir commencer par l'établissement d'un petit
champ d'expériences qui n'entraîne qu'une dépense
de 20 à 25 francs et au moyen duquel on acquiert
des données positives sur la nature des agents de fertilité dont le sol a le plus spécialement besoin, et
sur la limite extrême que les rendements peuvent
atteindre.

DES CHAMPS D'EXPÉRIENCES.

Un champ d'expériences peut fournir la démonstration des données fondamentales sur lesquelles repose la doctrine des engrais chimiques, ou faire connaître les substances fertilisantes que le sol contient et celles qui lui manquent.

Suivant la destination qu'il doit recevoir, il faut en régler l'économie d'une manière différente.

Le champ d'expériences d'une école devant servir à expliquer les lois de la production des végétaux, il ne faut s'attacher qu'aux données fondamentales de la doctrine des engrais chimiques.

A la rigueur, on peut se borner à une seule culture et à trois ou quatre combinaisons, pour lesquelles la disposition d'un are suffit.

Si on pouvait consacrer 3 ou 4 ares de terre au champ d'expériences, on ferait bien de répéter les mêmes combinaisons d'engrais sur deux ou trois plantes différentes.

CHAMP D'EXPÉRIENCES

POUR UNE ÉCOLE PRIMAIRE.

Culture du froment.

Le champ sera disposé comme l'indique le plan.

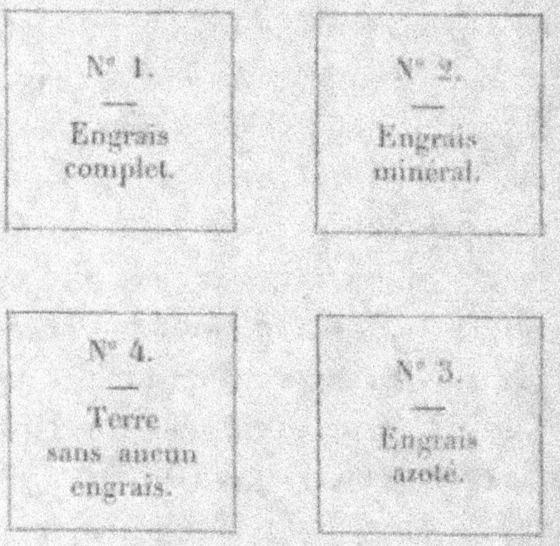

<table>
<tr><td>N° 1.
—
Engrais
complet.</td><td>N° 2.
—
Engrais
minéral.</td></tr>
<tr><td>N° 4.
—
Terre
sans aucun
engrais.</td><td>N° 3.
—
Engrais
azoté.</td></tr>
</table>

Quelle sera la signification de ces quatre parcelles ?

La parcelle n° 1 prouvera qu'avec l'engrais complet on produit de superbes récoltes ;

La parcelle n° 2, que les trois minéraux réunis, phosphate de chaux, potasse, chaux, ne donnent qu'un maigre résultat ;

La parcelle n° 3, que la matière azotée toute seule produit plus d'effet que les trois minéraux de la parcelle n° 2, sans égaler cependant le rendement obtenu avec l'engrais complet ;

La parcelle n° 4, sans aucun engrais, quelle est la fertilité naturelle du sol.

Si on pouvait disposer d'un deuxième espace d'un are, on l'affecterait à la culture des féveroles ou des pois.

On aurait ainsi :

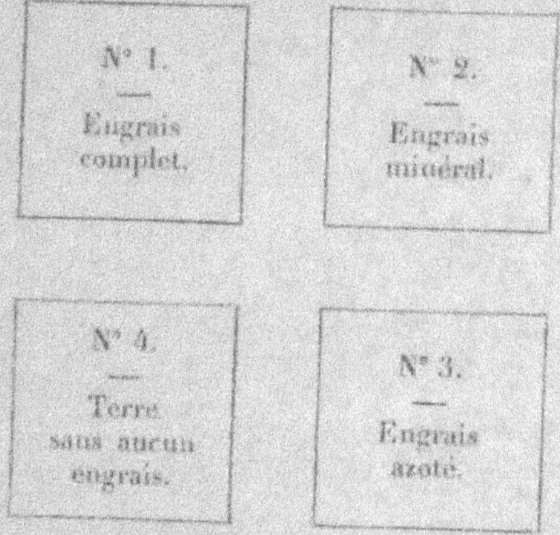

Ici la récolte obtenue sur la parcelle n° 2, n'ayant reçu que l'engrais minéral, étant au moins égale si ce n'est supérieure à celle de la parcelle n° 1 avec l'engrais complet pourvu d'azote, on aura la preuve que la matière azotée n'a pas d'action sur les pois et les féveroles, et que la division que nous avons établie entre les plantes qui puisent l'azote dans l'air et celles qui le prennent dans le sol se trouve pleinement justifiée.

La parcelle n° 3 avec la matière azotée seule, étant décidément mauvaise, confirmera cette conclusion.

Si on pouvait enfin ajouter une troisième parcelle d'un are aux deux précédentes, on la consacrerait à la culture de la pomme de terre, et on prouverait, au moyen de ces trois essais, que la maladie de cette plante peut être atténuée si elle ne peut être prévenue par le choix des engrais.

Ce troisième champ conserverait les mêmes dispositions que les deux autres :

N° 1. — Engrais complet.	N° 2. — Engrais minéral.
N° 4. — Terre sans aucun engrais.	N° 3. — Engrais azoté.

Sur la parcelle n° 1, la récolte serait abondante et saine ;

Sur la parcelle n° 2, satisfaisante et saine ;

Sur la parcelle n° 3, faible et malade ;

Sur la parcelle n° 4, faible et malade.

On aurait par là la preuve que la partie *minérale* de l'engrais contient la dominante et que l'épuisement du sol en éléments minéraux favorise s'il ne détermine la maladie.

Si le champ se composait de deux ou trois parcelles, il conviendrait d'adopter cette ordonnance :

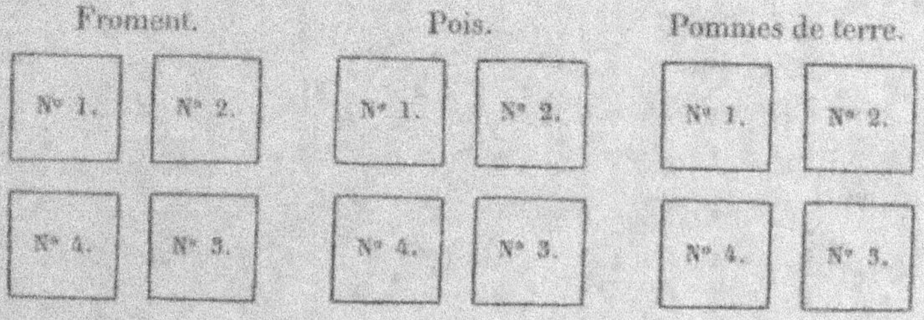

<table>
<tr><td>Froment.</td><td>Pois.</td><td>Pommes de terre.</td></tr>
<tr><td>Nᵒ 1.   Nᵒ 2.</td><td>Nᵒ 1.   Nᵒ 2.</td><td>Nᵒ 1.   Nᵒ 2.</td></tr>
<tr><td>Nᵒ 4.   Nᵒ 3.</td><td>Nᵒ 4.   Nᵒ 3.</td><td>Nᵒ 4.   Nᵒ 3.</td></tr>
</table>

chaque champ étant séparé de son voisin par un
chemin de 1 à 2 mètres pour faciliter la circula-
tion.

COMPOSITION DES ENGRAIS

DESTINÉS

AUX CHAMPS D'EXPÉRIENCES D'UNE ÉCOLE PRIMAIRE.

Toutes les parcelles de chacun des champs d'expériences ayant 25 mètres de surface, soit le quart
d'un are, voici la dose et la composition des engrais
qu'elles devront recevoir.

PARCELLES Nᵒ 1.

Engrais complet.

Phosphate acide de chaux............	1ᵏⁱˡ 000
Nitrate de potasse.................	0 500
Sulfate d'ammoniaque...............	0 621
Sulfate de chaux...................	0 875
Total.............	2 996

PARCELLES N° 2.

Engrais minéral.

Phosphate acide de chaux.........................	1^{kil} 000
Potasse épurée...................................	0 500
Sulfate de chaux.................................	0 875
Total............................	2 375

PARCELLES N° 3.

Engrais azoté.

Sulfate d'ammoniaque.................	1^{kil} 372

La première année on emploierait ces engrais; la seconde année on répandrait en couverture 750 gr. de sulfate d'ammoniaque sur les parcelles n°s 1 et 3, les parcelles n° 2 et n° 4 ne recevant rien; la troisième année on reviendrait aux prescriptions de la première.

Un catéchisme ne peut être qu'un cadre dans lequel le professeur doit pouvoir se mouvoir librement, toujours prêt à régler ses explications sur le degré d'intelligence et d'instruction des élèves. Le professeur devra donc se familiariser avec la doctrine des engrais chimiques par une étude approfondie des *Entretiens agricoles* donnés par M. Ville au champ d'expériences de Vincennes en 1867 et 1868.

CHAMP D'EXPÉRIENCES

POUR L'ANALYSE DU SOL.

Lorsqu'un champ d'expériences a pour destination la recherche des éléments utiles que le sol contient, il doit se composer d'un plus grand nombre de parcelles.

Dans une exploitation de quelque importance, on fera sagement d'en établir plusieurs. L'un, que j'appellerai le champ principal, devra comprendre toutes les plantes qui entrent dans l'assolement.

Le choix de l'emplacement est une condition de grande importance; il faut, autant que possible, choisir une pièce de terre qui, par son exposition, sa nature et son degré de fertilité, représente la qualité moyenne du sol de l'exploitation. Le champ principal doit se composer de dix parcelles d'un are chacune, séparées par un chemin d'un mètre de large.

J'ai dit que ce champ devait comprendre toutes ou du moins les principales plantes de l'assolement, ce qui exige au moins deux ou trois séries parallèles de culture. Parmi les plantes qu'on doit préférer, si on ne peut les essayer toutes, je citerai le froment, le colza, ou même encore la betterave et une légumineuse, pois ou haricots. Au moyen du froment et des pois, on sera renseigné sur l'état de la couche superficielle, et, par la betterave ou le colza, sur celui des couches profondes. Or ce sont là deux éléments auxquels il faut avoir égard, lorsqu'on veut faire de la culture à grand rendement avec intelligence, sûreté et économie.

J'ai dit que chaque plante doit être soumise à dix modes de fumure différents sur dix parcelles séparées; voici l'indication exacte de ces fumures :

Froment. N° 1. — Fumier, 60,000 kil. à l'hectare.
       N° 2. — Fumier, 30,000 kil. à l'hectare.
       N° 3. — Engrais complet intensif.
       N° 4. — Engrais complet.
       N° 5. — Engrais sans matière azotée.
       N° 6. — Engrais sans phosphate de chaux.
       N° 7. — Engrais sans potasse.
       N° 8. — Engrais sans chaux.
       N° 9. — Engrais sans minéraux.
       N° 10. — Terre sans aucun engrais.

Lorsqu'il s'agit d'une exploitation importante, un champ ne saurait suffire, à cause des variations que la composition du sol présente dans les principales divisions d'un domaine; on fera donc sagement de multiplier les essais, mais sur une moindre échelle. Un are divisé en quatre parties suffit pour ces champs auxiliaires; on peut, en effet, les réduire aux termes suivants :

N° 1. — Sans aucun engrais.
N° 2. — Engrais complet.
N° 3. — Engrais minéral sans azote.
N° 4. — Engrais azoté sans minéraux.

Quelques coins de terre consacrés à ces expériences ne troubleront en rien la marche des travaux de l'exploitation, et ils feront connaître, pour chaque grande division du domaine, le moment précis où il faudra recourir aux fumures azotées ou minérales.

A ceux qui n'envisageraient pas sans un certain effroi la perspective d'un si grand nombre d'essais je répondrai par un argument de fait : dans toutes les exploitations où l'on a introduit l'usage des engrais chimiques, on se fait honneur des champs d'expériences; le directeur, propriétaire ou fermier, aime à les montrer à ceux qui le visitent, et, après quelques hésitations, il finit toujours par régler sur leur témoignage les doses des agents dont il compose ses engrais.

Occupons-nous maintenant de la préparation des engrais qui conviennent aux champs d'expériences pour l'analyse du sol. Les quantités d'engrais que j'indique sont rapportées à l'hectare, afin de faciliter le calcul des doses qu'on doit employer, suivant l'étendue de la surface sur laquelle on veut opérer : la pratique m'a démontré que des parcelles d'un are sont à la fois commodes et suffisantes.

SÉRIE POUR FROMENT.

(Parcelle n° 1.)

Fumier de ferme. . . . . 60,000^{kil}

(Parcelle n° 2.)

Fumier de ferme. . . . . 30,000^{kil}

Engrais complet intensif.

(Parcelle n° 3.)

	À L'HECTARE.		
	Quantités.	Prix.	Dépense.
Phosphate acide de chaux.	600^{kil}	96^f 00^c	
Nitrate de potasse.	400	248 00	463^f 50^c
Sulfate d'ammoniaque.	250	112 50	
Sulfate de chaux	350	7 00	

Engrais complet.

(Parcelle n° 4.)

Phosphate acide de chaux.	400^{kil}	64^f 00^c	
Nitrate de potasse.	200	124 00	307^f 50^c
Sulfate d'ammoniaque.	250	112 50	
Sulfate de chaux	350	7 00	

Engrais sans matière azotée.

(Parcelle n° 5.)

Phosphate acide de chaux.	400^{kil}	64^f 00^c	
Potasse épurée.	150	120 00	191^f 00^c
Sulfate de chaux	350	7 00	

Engrais sans phosphate.

(Parcelle n° 6.)

| | À L'HECTARE. | | |
	Quantités.	Prix.	Dépense.
Nitrate de potasse	200ᵏⁱˡ	124ᶠ 00ᶜ	
Sulfate d'ammoniaque	250	112 50	243ᶠ 50ᶜ
Sulfate de chaux	350	7 00	

Engrais sans potasse.

(Parcelle n° 7.)

Phosphate acide de chaux	400ᵏⁱˡ	64ᶠ 00ᶜ	
Sulfate d'ammoniaque	400	180 00	248ᶠ 00ᶜ
Sulfate de chaux	200	4 00	

Engrais sans chaux.

(Parcelle n° 8.)

Phosphate de chaux précipité	400ᵏⁱˡ	64ᶠ 00ᶜ	
Nitrate de potasse	200	124 00	300ᶠ 50ᶜ
Sulfate d'ammoniaque	250	112 50	

Engrais sans minéraux.

(Parcelle n° 9.)

Sulfate d'ammoniaque	400ᵏⁱˡ		180ᶠ 00ᶜ

SÉRIE POUR BETTERAVES.

(Parcelle n° 1.)

Fumier de ferme.................................. 60,000^{kil}

(Parcelle n° 2.)

Fumier de ferme.................................. 30,000^{kil}

Engrais complet intensif.

(Parcelle n° 3.)

À L'HECTARE.

	Quantités.	Prix.	Dépense.
Phosphate acide de chaux.............	600^{kil}	96^f	
Nitrate de potasse....................	400	248	455^f
Nitrate de soude.....................	300	105	
Sulfate de chaux....................	300	6	

Engrais complet.

(Parcelle n° 4.)

Phosphate acide de chaux.........	400^{kil}	64^f	
Nitrate de potasse....................	200	124	299^f
Nitrate de soude....................	300	105	
Sulfate de chaux....................	300	6	

Engrais sans matière azotée.

(Parcelle n° 5.)

Phosphate acide de chaux.........	400^{kil}	64^f	
Potasse épurée.......................	150	120	191^f
Sulfate de chaux....................	350	7	

Engrais sans phosphate.

(Parcelle n° 6.)

Nitrate de potasse....................	200^{kil}	124^f	
Nitrate de soude....................	300	105	235^f
Sulfate de chaux....................	300	6	

Engrais sans potasse.

(Parcelle n° 7.)

Phosphate acide de chaux.......... 400^{kil} 64^f 00^c)
Nitrate de soude................. 450   157 50   } 228^f 50^c
Sulfate de chaux................. 350   7 00)

Engrais sans chaux.

(Parcelle n° 8.)

Phosphate de chaux précipité...... 400^{kil} 64^f 00^c)
Nitrate de potasse................ 200   124 00   } 293^f 00^c
Nitrate de soude................. 300   105 00)

Engrais sans minéraux.

(Parcelle n° 9.)

Nitrate de soude.................. 450^{kil} 157^f 50^c 157^f 50^c

Pour qu'un champ d'expériences fournisse des indications vraiment utiles sur l'état du sol, il faut
que la terre n'ait pas reçu de fumier depuis plusieurs
années; autrement les rendements des diverses parcelles se rapprochent au point de se confondre, et
les contrastes que vous remarquez ici à Vincennes
ne se produisent qu'après deux ou trois ans de culture. Mais ce cas n'est pas moins instructif que le
premier; il prouve en effet que le sol est pourvu de
tous les termes de l'engrais complet.

Au point de vue de la pratique, cette indication
a une importance capitale. Elle nous apprend que

dans un tel sol on peut recourir temporairement à des engrais incomplets, et procéder par fumure alternante en se bornant aux seules *dominantes*, ce qui permet d'obtenir le maximum de produit avec la plus faible dépense.

LEXIQUE

ENGRAIS CHIMIQUES.

MATIÈRES AZOTÉES.

On désigne sous cette expression générique les produits d'origine animale et végétale dont l'azote fait partie.

Le sang,

L'albumine,

La chair musculaire,

Les matières fécales,

Les litières,

Les tourteaux

sont des matières azotées. Pour agir sur la végétation, les matières dites *azotées* doivent pouvoir se décomposer dans le sol; faute de ne pouvoir se décomposer, elles seraient sans action sur les plantes. Lorsque les matières azotées se décomposent, une partie de leur azote passe à l'état d'ammoniaque ou de nitrate. Pour ce motif, on comprend dans la classe des matières azotées propres à l'agriculture :

Le sulfate d'ammoniaque,

Le nitrate de potasse,

Le nitrate de soude.

Ces substances, qui sont de véritables sels, contiennent de l'azote au nombre de leurs constituants; dans le sulfate d'ammoniaque, l'azote appartient à l'ammoniaque, qui est la base du sel; dans les nitrates de potasse et de soude, l'azote appartient à l'acide du sel.

SULFATE D'AMMONIAQUE.

Ce sel est formé d'acide sulfurique et d'ammoniaque :

Acide sulfurique	60.62
Ammoniaque	25.75
Eau	13.63
	100.00

Or, comme l'ammoniaque est formée à son tour de

Azote	14
Hydrogène	3
	17

il en résulte que le sulfate d'ammoniaque contient 21 p. o/o d'azote lorsqu'il est chimiquement pur.

Celui de commerce n'en contient pas plus de 20 p. 0/0.

On retire l'ammoniaque des eaux vannes qui proviennent des vidanges des villes; on en obtient aussi de la distillation de la houille employée à la fabrication du coke et du gaz d'éclairage; mais la source qui semble devoir dépasser toutes les autres est celle qu'offrent les volcans, lorsqu'ils sont parvenus à la période d'apaisement où ils ne dégagent plus que de la vapeur d'eau.

En 1866, le sulfate d'ammoniaque valait 35 francs les 100 kilogrammes. Aujourd'hui il vaut 45 francs, mais ce prix est appelé certainement à baisser dans un avenir prochain.

NITRATE DE SOUDE.

Le nitrate de soude est formé d'acide nitrique et de soude. En voici exactement la composition :

Acide azotique. 63.19
Soude 36.81
                                          ————
                                          100.00

L'acide nitrique étant formé lui-même de :

Azote. 14
Oxygène. 40
                                          ——
                                          54

il s'ensuit que le nitrate de soude contient 16,4 d'azote lorsqu'il est chimiquement pur. Celui du commerce n'en contient guère que 14 à 15 p. o/o. Le nitrate de soude est tiré du Pérou, où il existe à l'état de conglomérats compactes, mêlés à du sable et à du sel marin.

Les tremblements de terre qui ont eu lieu cette année sur les côtes du Pérou ont ralenti l'importation de ce produit, dont le prix s'est élevé à 40 francs les 100 kilogrammes au lieu de celui de 35 francs auquel on pouvait se le procurer l'année dernière.

NITRATE DE POTASSE.

Ce sel, désigné aussi sous le nom de *sel de nitre* ou de *nitre*, est formé d'acide nitrique et de potasse.

Acide nitrique. 53.44
Potasse. 46.56

100.00

A raison de 14 d'azote pour 54 d'acide nitrique, il contient 13.8 d'azote à l'état de pureté. Celui du commerce n'en contient guère que 12 à 13.

Le nitrate de potasse s'obtient en faisant décomposer, sous de vastes hangars aménagés pour cette destination, des matières d'origine animale mêlées à des terres argilo-calcaires, qu'on lessive ensuite pour extraire le nitre. On a retiré pendant longtemps ce sel des matériaux de démolition. On le fabrique aujourd'hui en décomposant le chlorure de potassium au moyen du nitrate de soude. On obtient à la fois du chlorure de sodium (sel marin) et du nitrate de potasse, très-faciles à séparer par cristallisation.

Le nitrate de potasse est, de tous les produits qui contiennent la potasse, celui qu'on doit préférer pour les besoins agricoles.

Le nitrate de potasse vaut en ce moment 64 francs les 100 kilogrammes.

PHOSPHATE DE CHAUX.

Sous le nom de *phosphates de chaux* on comprend un assez grand nombre de produits différents. Pendant longtemps on n'a employé en agriculture que le phosphate de chaux des os; il est alors associé à du carbonate de chaux. Aujourd'hui la plus grande partie des phosphates consommés comme engrais proviennent du règne minéral, où l'on en trouve des gisements inépuisables.

Tous les phosphates sont formés d'acide phosphorique et de chaux. L'acide phosphorique est lui-même formé de phosphore et d'oxygène :

Phosphore.   31
Oxygène.   40
$$\overline{71}$$
8.

Dans les phosphates, c'est l'acide phosphorique qui est la partie active. Les chimistes ont coutume de représenter l'acide phosphorique par le symbole

$$PhO^5$$

Or PhO^5 ou 71 d'acide phosphorique étant un terme constant, on connaît trois sortes principales de phosphates de chaux :

$$1° \qquad PhO^5 \begin{cases} CaO \\ {}_2HO \end{cases}$$

ce qui, en centièmes, se traduit par :

Acide phosphorique............	61.03
Chaux (CaO)................	23.72
Eau (HO).................	15.25
	100.00

Ce produit a reçu le nom de phosphate acide de chaux. Dans l'industrie, on le prépare en traitant les os ou les phosphates d'origine minérale par l'acide sulfurique. Le phosphate acide est alors mêlé à du sulfate de chaux; il reçoit sous cette forme le nom de superphosphate de chaux.

Il contient 15 à 18 p. 0/0 d'acide phosphorique et se vend 16 francs les 100 kilogrammes.

2° Le deuxième phosphate est exprimé par le symbole

$$PhO^5 \left\{ \begin{array}{l} 2\,CaO \\ HO \end{array} \right.$$

ou, en centièmes :

Acide phosphorique 52.20
Chaux 41.17
Eau. 6.63
____
100.00

Il diffère du premier par la proportion de chaux, qui est plus élevée. Ce phosphate ne se trouve pas dans le commerce. Il jouit de propriétés remarquables dont il est inutile de parler, puisqu'on ne pourrait se le procurer.

3° Le dernier phosphate a pour symbole

$$PhO^5, 3\,CaO.$$

Il a pour composition dans 100 parties :

Acide phosphorique. 46.16
Chaux 53.84
____
100.00

On voit que la proportion d'acide phosphorique est exprimée, dans ces trois phosphates, par :

1°........................... 61.03 p. o/o
2°........................... 52.20
3°........................... 46.16

Le dernier, qui est le moins riche en acide phosphorique, est le phosphate des os; il se trouve encore dans la nature à l'état de nodules et à l'état d'apatite.

A l'état de nodules, le phosphate est mêlé à 40 où 50 p. o/o de matières étrangères; il est vendu, en poudre, au prix de 6 francs les 100 kilogrammes.

Les os calcinés réduits en poudre valent 16 francs; quant à l'apatite, à raison de sa grande compacité, elle ne peut être employée à son état naturel. On s'en sert pour la fabrication du phosphate acide de chaux.

SULFATE DE CHAUX.

Le sulfate de chaux n'est autre que le plâtre, produit par la combinaison de l'acide sulfurique avec la chaux.

On le trouve en grandes quantités dans la nature à l'état hydraté. Il a alors pour composition :

Acide sulfurique.................... 46.51
Chaux.............................. 32.55
Eau................................ 20.94
                                    ______
                                    100.00

Exposé à la température de 120° ou de 130°, il perd son eau et passe à l'état de sulfate anhydre, plus connu sous le nom de *plâtre*.

C'est à l'état de plâtre que je conseille d'employer de préférence le sulfate de chaux. Il vaut alors 2 francs les 100 kilogrammes.

FIN.

TABLE DES MATIÈRES.

CHAPITRE VI.

EXTRAIT DU CATALOGUE

DE

LA LIBRAIRIE AGRICOLE,

RUE JACOB, N° 26.

OUVRAGES DU MÊME AUTEUR :

Recherches expérimentales sur la végétation. in-8°.

La production agricole. Conférences agricoles faites en 1864 au champ d'expériences de Vincennes; in-8°.

La production agricole définie par la science. Conférence faite à Lyon en 1863; in-8° avec planche.

La crise agricole devant la science. Conférence faite à la Sorbonne le 17 mars 1866; in-8°.

La maladie des pommes de terre. in-8°.

La betterave et la législation des sucres. Conférence faite à Arras le 30 mai 1868; in-8° avec planche.

Les engrais chimiques. Entretiens agricoles donnés au champ d'expériences de Vincennes en 1867; in-8°.

Les *Entretiens* de 1868 forment le IIe volume des *Engrais chimiques*; ils comprennent la monographie des plantes à sucre (BETTERAVE, CANNE À SUCRE, MAÏS, SORGHO, TOPINAMBOUR, NAVET), des plantes à fécule (POMME DE TERRE), des plantes oléagineuses (COLZA, OEIL) et des plantes textiles à graines oléagineuses (LIN, CHANVRE). (*Sous presse.*)